Lettre de l'hermite

de Nivolet sur

l'expérience aérostatique

faite à Chambéry

le 22 avril.

1784.

(Philalète)

hermite de Nivolet

LETTRE

DE

L'HERMITE DE NIVOLET

*Sur l'expérience aéroftatique faite à Chambery,
le 22 Avril 1784.*

MONSIEUR,

Vous m'avez fait l'honneur de me demander quelques détails fur l'expérience aéroftatique de Chambery. Je viens d'en être témoin. Je vais vous en rendre compte fans enthoufiafme, comme fans paffion.

Vous avez fans doute vu quelquefois des fpectacles de baladins - voltigeurs, ou, après les tours de force des maîtres de l'art, *Paillaffe* s'efforçant de les imiter, vient gambader, non pas deffus, mais deffous la corde; & termine fes fingeries par une culbute en moulinet du haut du théatre.

Tel eft au vrai le rôle que vient de jouer à fon premier effor le *Ballon* de Chambery. Ce *Ballon* prôné d'avance avec tant d'emphafe & avec tous les *honneurs du fanatifme* par l'auteur du *Profpectus*; ce *Ballon* qui, fuivant l'article inféré dans la Gazette de Berne du 3 Avril, devoit porter trois intrépides Voyageurs *bien déterminés à ne pas s'élever pour redefcendre au bout de quelques minutes*: ce *Ballon* qui promettoit *un magnifique fpectacle*, lequel, d'après la garantie du même avis, *ne feroit acheté par aucun malheur, ni même par aucun inconvénient*: ce merveilleux *Ballon* eft malheureufement mort à l'inftant de fa naiffance. *Parturient montes &c.*

Après s'être fait long-tems attendre, parce que fon enfantement a été long & laborieux, enfin le jour de fon afcenfion préfumée a été indiqué pour le 22 de ce mois. Ce jour avoit été préconifé dans le *Profpectus* comme devant *être écrit au nombre de ceux où l'art auroit le plus amufé notre exiftence*. Auffi fur la parole de l'auteur, un concours immenfe de fpectateurs de tout rang & de tout âge s'eft rendu au lieu de la fcene. Les uns étoient epars fur les coteaux voifins, où ils formoient des groupes agréablement mélangés avec les rochers & la verdure, qui leur fervoient de tapis & de fiéges. Les autres, par le privilege de leurs billets, avoient été admis dans l'enclos de *Buiffonrond*. Cette troupe d'élus étoit compofée de la meilleure compagnie de la ville en hommes & en femmes. Celle - ci comme de droit, *en faifoient le principal ornement.*

Le *Ballon* qui s'étoit enflé de bonne grace le matin a onze heures, promettoit, malgré plufieurs vices dans fa conftruction & fes acceffoires, un heureux fuccès pour l'après-midi. Le tems étoit calme; le ciel couvert; point de foleil: nulle apparence de pluie. Les vœux empreffés des fpectateurs hâtoient le départ du *Ballon* On l'apprête, on le chauffe & rechauffe. Les Voyageurs courageux enjambent la galerie; mais auffi rétif qu'un cheval pouffif & revêche, il s'obftine à ne pas bouger & demeure immobile. Enfin à force de le rôtir & de le bourrer de fagots, il fe traîne avec peine, à l'aide de cent bras, fur les bords de l'eftrade. A peine ce foutien lui a-t-il manqué, qu'au lieu de s'élever, il s'eft profterné humblement contre terre. Cependant par un mouvement convulfif, près de fon agonie, au moment où il alloit frapper le gazon, il s'eft foulevé affez haut pour faire la cabriole & tourner en moulinet fur lui-même.

Pendant ce mouvement de rotation centripete, les Voyageurs ont eu le tems de s'élancer hors de la galerie; Mr. le comte de l'*Hôpital* s'eft jetté entre les bras de fon valet de chambre, qui le guettoit à fa chûte. Mr. *Brun* eft tombé, fes habits à demi brûlés.

A la vue de ce défaftre, les Dames, auxquelles le galant auteur du *Profpectus* avoit annoncé que le fpectacle du *voyage aérien* ne leur arrachoit aucun *figne de terreur*, ni *cris*, ni *vapeurs*, ni *évanouiffemens*, & ne produiroit tout au plus en elle *que cette douce émotion qui peut encore embellir la beauté* : les Dames, *la plus belle moitié de la société*, ce sexe enchanteur qui, comme l'auteur le dit plaisamment, partage avec les *Ballons* le privilege *de faire tourner les têtes*, les Dames, dis-je, ont éprouvé ces mouvemens violens qui mettent les plus *jolis visages en contraction*. On a vu leurs roses se changer, en lis leur *douce émotion* dégénérer en palpitation oppressive, leurs jambes flechir. La plupart de celles qui n'avoient pu trouver place sur les bancs disposés autour de l'enceinte, ont été obligées de se jetter sur le gazon pour y reposer leur foiblesse.

Pendant cet instant critique un morne silence regnoit sur toute la scene. Les visages portoient l'empreinte de la consternation. Les Voyageurs, ainsi que leurs coopérateurs, se retiroient confus & déconcertés. Autant leur entrée avoit été triomphante, autant leur retraite étoit humble & triste.

Des observateurs physiciens ne manqueront pas d'assigner pour cause de la chûte de cet infortuné *Ballon* le vice de la force motrice, ou *Gaz* qui devoit procurer son ascension, vice provenant du choix défectueux & de la qualité des combustibles ; le poids excessif de la galerie ; son défaut d'équilibre dans sa suspension ; le peu d'adhérence du papier collé sur la toile formant l'enveloppe du *Ballon* ; l'étranglement du col ou trompe allongée ajoutée à sa partie inférieure, &c. A ces vices de construction ils joindront ceux de la manœuvre dans les opérations ; la précipitation avec laquelle on avoit introduit le feu dans le *Ballon*, dont l'air intérieur n'étoit pas suffisamment raréfié ni dégagé d'air atmosphérique au moment où on tenta de l'élever ; le peu d'expérience dans ce genre de travail de la part des coopérateurs ; le défaut d'intelligence & d'accord dans les ouvriers mercenaires qu'on a été obligé d'employer, lesquelles contrarioient souvent la manœuvre au lieu de l'aider, &c. Quant à moi, sans avoir prévu ces différens obstacles, j'avois préságe d'avance la chûte du *Ballon*, d'après les seuls emblêmes dont ses flancs étoient décorés.

D'un côté étoit peinte une grande *Minerve* maussade, qui, d'une main tremblante, présentoit un bouclier chargé de la tête de Méduse à un vilain *cochon* placé à ses pieds. Cet ani-

mal étoit fans doute le fimbole, affez mal choifi de l'igno-
rance & de l'envie qui avoient décrié le *Ballon & les Ballo-
niftes*. Mais ce cochon hargneux, bien loin de reculér, fem-
bloit menacer de renverfer d'un coup de bouttoir la pauvre
Minerve mal affurée fur fes jambes.

Au flanc oppofé c'étoit bien autre chofe : fur un petit globe étoit pofée debout fur fes jambes une groffe & lourde
figure, qui, fous l'emblême manqué d'un génie encore dans
l'âge de l'enfance, avoit toute l'encolure d'un épais ramoneur,
joufflu & goëtreux. D'une main il tenoit une torche mal allu-
mée. L'autre, comme le quatrieme page de *Malborouch*, *ne
portoit rien*. Sa taille, au lieu, d'être fvelte & légere, étoit
auffi épaiffe que celle d'un Bacchus ou d'un Silène. La flam-
me, fimbole caractériftique du génie, ne brilloit point fur
fa tête ; fans doute parce que ce génie favoyard nouveau - né
n'a point encore atteint l'âge de virilité. Mais, comme le re-
marque fort à propos l'auteur du *Profpectus*, il faut croire
que fa *virilité retardée* n'annonce que plus fûrement *un tem-
péramment robuſte* qui fe développera avec l'âge. Ce génie
naiffant n'ayant donc en ce moment pour tout appanage qu'une
corpulence énorme & maffive, il n'eſt pas étonnant que le
petit globe placé fous fes pieds ait trébuché à l'inftant où il
s'eſt efforcé de s'élever. Cependant on avoit infcrit à fon côté
le quatrain fuivant, dont je vous abandonne le comman-
taire.

L'homme que j'infpirai dans fublime audace,
Avoit dompté les mers & mefuré l'efpace
De la foudre en courroux il dirigeoit les feux :
Aujourd'hui fur mon aile il plâne dans les cieux.

Après une expérience auffi complettement manquée, on
peut taxér au moins d'imprudence l'enthoufiafte auteur du
Profpectus, qui n'a pas héfité à la prôner d'avance avec la garantie du fuccès le plus heureux. Il convient d'être modefte même après le triomphe, à plus forte raifon lorfqu'il eſt à venir &
incertain.

Il étoit encore plus déplacé de sa part de tourner en dérision les recherches des savans sur la théorie des *Aéroftates*, & de semer sur leurs travaux le ridicule & l'ironie. Parce qu'on n'eft d'aucune académie, ce n'eft pas une raison pour déclamer contre elles ; mais puifque *l'orgueil national, comme l'amour paternel, a ses enfantillages*, on doit pardonner à l'auteur ses *lazzis* & ses inconféquences.

Je souhaite que la douce *accolade* qu'il a follicitée avec un zele généreux pour les intrépides Voyageurs avant leur chûte, lui foit reverfible à leur défaut. Les Dames auxquelles il rend un hommage flatteur dans son galant *Profpettus*, peuvent-elles lui refuser la faveur qu'elles accordoient autrefois à leurs *Paladins* pour des témoignages de dévouement souvent plus équivoques, S'il l'obtient, on pourra dire avec raifon que les *Graces* ont récompenfé le favori des *Mufes*.

On débite en ce moment que l'infortuné *Ballon* ne fe rend pas pour être tombé, & qu'il veut fe relever glorieufement de fa chûte. Meffieurs les *Ballonistes* travaillent, dit-on, à réparer fes bleffures & cet échec. Il faut efpérer qu'inftruits par leurs propres fautes, ils éviteront dans une fecofide expérience celles de la premiere, & qu'ils effectueront les faftueufes promeffes hafardées avec un zele patriotique par leur éloquent orateur.

J'ai l'honneur d'être, &c.

De Chambery, ce
23 Avril 1784.

Votre très-humble, &c.
PHILALETE,
Hermite de Nivolet.